眼镜博士的奇妙科学课

生命与健康

刘鹤 / 编著　贾斌营 / 绘

U0181937

吉林科学技术出版社

图书在版编目（CIP）数据

生命与健康 / 刘鹤编著 . -- 长春 : 吉林科学技术
出版社，2020.9
（眼镜博士的奇妙科学课）
ISBN 978-7-5578-5007-4

Ⅰ . ①生… Ⅱ . ①刘… Ⅲ . ①生命科学－青少年读物
②健康－青少年读物 Ⅳ . ① Q1-0 ② R161-49

中国版本图书馆 CIP 数据核字 (2020) 第 004409 号

眼镜博士的奇妙科学课：生命与健康
YANJING BOSHI DE QIMIAO KEXUEKE:SHENGMING YU JIANKANG

编　著	刘　鹤
绘　者	姜　洋
出 版 人	宛　霞
责任编辑	石　焱
助理编辑	吕东伦　高千卉
书籍装帧	吉林省格韵文化传媒有限公司
封面设计	吉林省格韵文化传媒有限公司
幅面尺寸	167 mm×235 mm
开　本	16
字　数	95 千字
页　数	120
印　张	7.5
印　数	1-7000 册
版　次	2020 年 9 月第 1 版
印　次	2020 年 9 月第 1 次印刷

出　版	吉林科学技术出版社
发　行	吉林科学技术出版社
地　址	长春市福祉大路 5788 号出版集团 A 座
邮　编	130118
发行部电话 / 传真	0431-81629529　81629530　81629531
	81629532　81629533　81629534
储运部电话	0431-86059116
编辑部电话	0431-81629516
印　刷	长春新华印刷集团有限公司

书　号	ISBN 978-7-5578-5007-4
定　价	35.00 元

眼镜博士的奇妙科学课

生命与健康

眼镜老师

米粒

果果

可乐

小艾

淘淘

菲菲

朵朵

豆豆

姓名：＿＿＿＿＿＿＿＿＿＿＿

年龄：＿＿＿＿＿＿＿＿＿＿＿

一起加入眼镜老师的奇妙科学课，下一本的主角就是你！

第 一 课
生命的起源

　　星期六，眼镜老师一身休闲装扮，走在大街上。如果这时候同学们从他身边走过，一定认不出他：棒球帽、白T恤、牛仔裤、运动鞋。

　　明天，眼镜老师大学同学"排骨"的儿子满月，他决定为宝贝选一件礼物。"排骨"这几年发福不少，早不见当年精瘦的身影。眼镜老师想象着"排骨"逗弄儿子的画面，认为该跟同学们聊聊我们从哪儿来……

一年一度的家长开放日即将到来，家长们和同学们都很期待眼镜老师的科学课。

同学们将家长开放日的既往活动记录装订成册，教室里十分热闹。

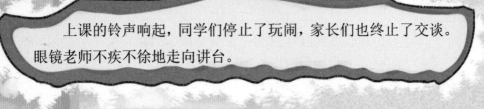

上课的铃声响起，同学们停止了玩闹，家长们也终止了交谈。眼镜老师不疾不徐地走向讲台。

看，好像是一幅画，难道这是一堂亲子美术课？

听说是从儿童商店买的！

眼镜老师说：
    "今天的家长开放日，我们一起探讨我们从哪里来这个问题。"

当然是从妈妈肚子里来的！

9

"首先，我们先来了解一下人体的结构。"眼镜老师边说边展开了一幅很奇怪的挂图。之所以说它奇怪，是因为它只有骨头。

看完了骨骼图，眼镜老师拿出一个显微镜："我们再来看看人体各个器官的组成。虽然这些器官的功能和形状不同，但它们都是由细胞组成的。"细胞十分微小，只有用显微镜才能看到。

豆豆的笔记

人体细胞约有 40 万亿～ 60 万亿个，直径在 2 ～ 200 微米之间。卵子细胞最大，直径在 200 微米左右；血小板细胞最小，直径只有约 2 微米。请你拿出直尺，看看能否测量出 1 微米呢？

提示：1000 微米 =1 毫米

眼镜老师将显微镜影像投射到墙上，家长和小朋友们仔细地观察着。

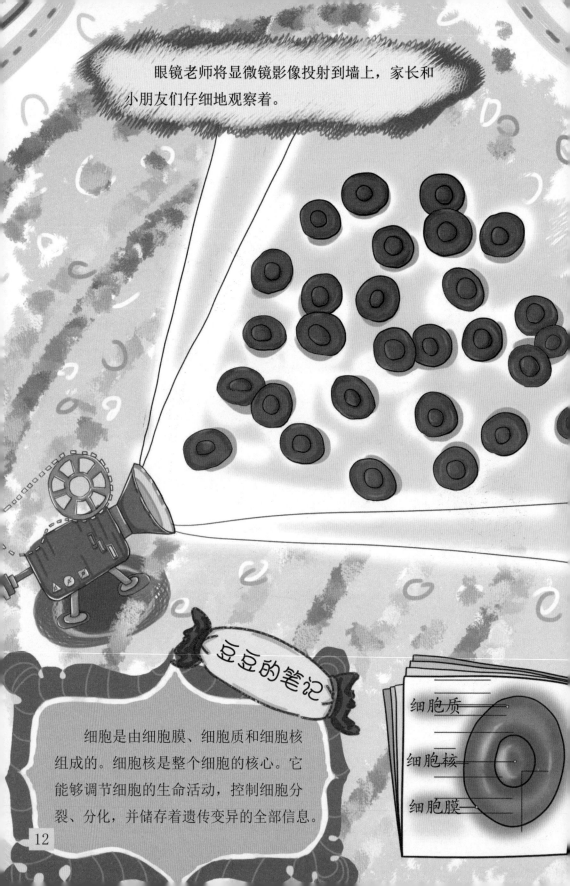

豆豆的笔记

细胞是由细胞膜、细胞质和细胞核组成的。细胞核是整个细胞的核心。它能够调节细胞的生命活动，控制细胞分裂、分化，并储存着遗传变异的全部信息。

细胞质

细胞核

细胞膜

就在大家认真观察的时候，墙上的细胞突然动了起来。同学们对科学课上的突发情况习以为常，但家长们就不那么淡定了。

细胞小精灵学着眼镜老师的模样，绘声绘色地讲了起来。

先给大家介绍一下我庞大的家族：运动系统、消化系统、呼吸系统、泌尿系统、生殖系统、内分泌系统、神经系统、循环系统和免疫系统。同一系统内的胞兄胞妹具有共同的结构和功能。

"小朋友们都爱运动，因此运动系统最重要！"
运动系统的小精灵跳出来说。

菲菲的笔记

　　运动系统由骨、关节和骨骼肌组成，占人体重量的60%。钙和维生素D能够保护骨骼健康，因此，我们要多晒太阳、常喝牛奶哟！另外，运动时要注意安全，做好防护，避免骨折。

"不对，我们消化系统最重要！没有消化吸收，小朋友们就不能长大！"消化系统的小精灵不服气地说道。

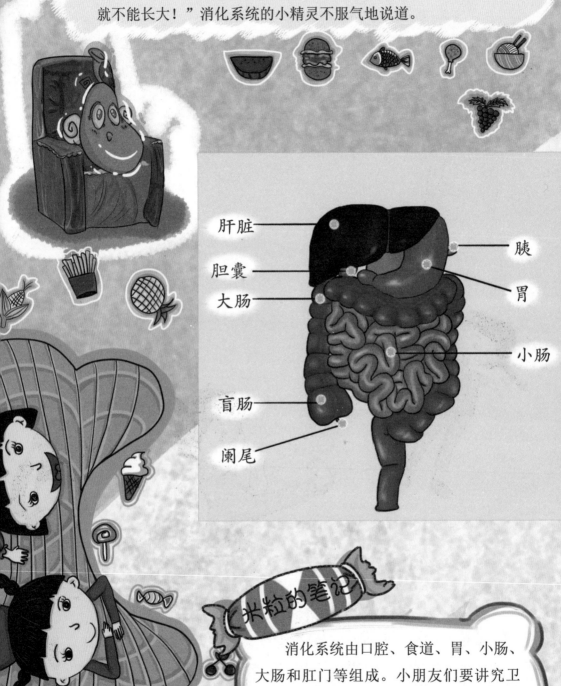

消化系统由口腔、食道、胃、小肠、大肠和肛门等组成。小朋友们要讲究卫生，避免腹泻。平时要吃温热的食物，因为太冷或太热都会伤害我们的消化系统！

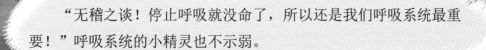

"无稽之谈！停止呼吸就没命了，所以还是我们呼吸系统最重要！"呼吸系统的小精灵也不示弱。

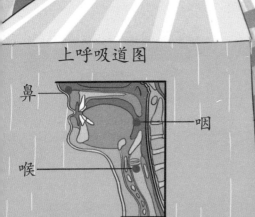

上呼吸道图

鼻
咽
喉

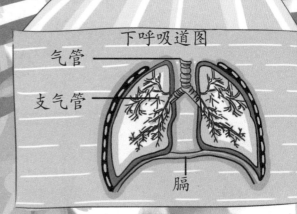

下呼吸道图

气管
支气管
膈

可乐的笔记

　　呼吸系统由呼吸道、肺血管、肺和呼吸肌组成。鼻、咽、喉称为上呼吸道，气管和支气管称为下呼吸道。当你咳嗽的时候，首先要考虑是不是呼吸道出现了问题。合理佩戴口罩，能够保护我们的呼吸道。

"泌尿系统就像垃圾处理站！没有我们，身体内的垃圾就会越堆越多，还谈什么健康！"泌尿系统的小精灵争辩道。

肾脏
输尿管
膀胱
尿道

淘淘的笔记

泌尿系统由肾脏、输尿管、膀胱和尿道组成，功能是排出身体新陈代谢中产生的废物，保持身体内部环境的平衡和稳定。日常生活中，我们要多饮水和排尿，保持私密部位的清洁，定期更换内衣裤。

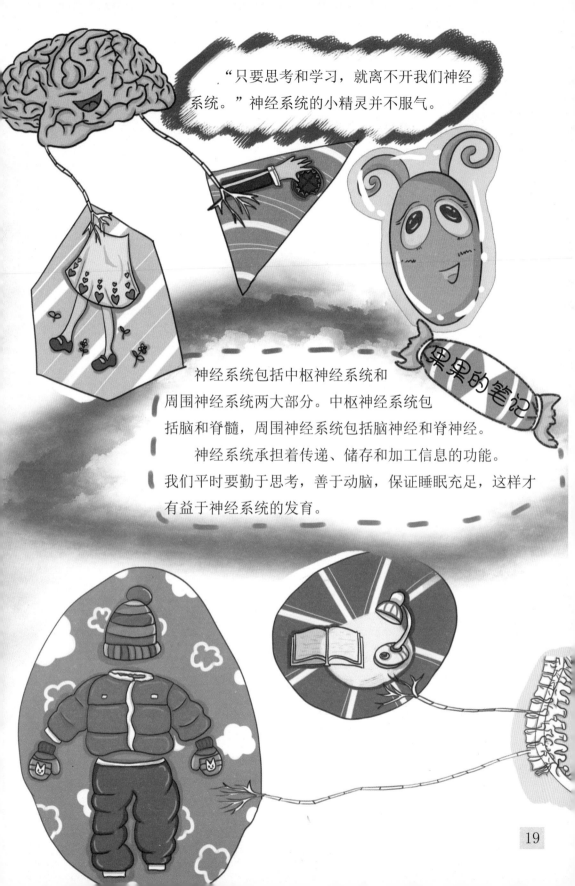

"只要思考和学习，就离不开我们神经系统。"神经系统的小精灵并不服气。

果果的笔记

神经系统包括中枢神经系统和周围神经系统两大部分。中枢神经系统包括脑和脊髓，周围神经系统包括脑神经和脊神经。

神经系统承担着传递、储存和加工信息的功能。我们平时要勤于思考，善于动脑，保证睡眠充足，这样才有益于神经系统的发育。

"如果没有我们循环系统给你们提供营养，你们根本无法工作！"循环系统小精灵也不甘示弱。

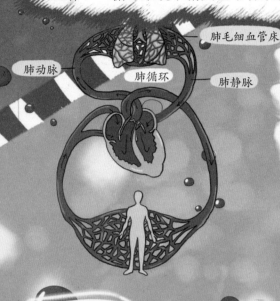

肺循环（小循环）：
右心室→肺动脉→
肺部毛细血管网→
肺静脉→左心房

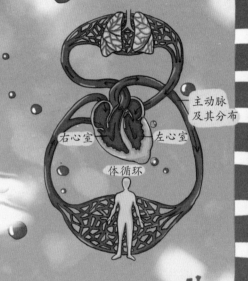

体循环（大循环）：
左心室→主动脉→各级动脉→
各级毛细血管网→各级静脉→
上／下腔静脉→右心房

可乐的笔记

循环系统是人体的运输系统，它将消化道吸收的营养物质和肺吸入的氧气输送到各组织器官，同时将各组织器官的代谢产物运送到血液，经肺和肾排出体外。

免疫器官主要包括：骨髓、脾脏、淋巴结、扁桃体、阑尾等。

免疫细胞主要包括：淋巴细胞、单核吞噬细胞、中性粒细胞、嗜碱粒细胞、嗜酸粒细胞、肥大细胞、血小板等。

如果你仔细观察血液化验单，就会找到一些关于免疫细胞的信息。

小艾的笔记

免疫系统是保护人体抵御病毒侵犯的防卫系统，主要由免疫器官和免疫细胞构成。病毒们最怕它们啦！

"没有我们免疫系统这些战士，你们早就被病毒打败了！"
免疫系统的小精灵斗志昂扬地说。

"我们内分泌系统看起来不起眼，却跟神经系统一样，相当于人体的总调度员！"内分泌系统的小精灵说话声音不大，却很坚定。

内分泌系统是神经系统以外的另一重要机能调节系统。包括内分泌器官和内分泌细胞团。内分泌器官：垂体、松果体、甲状腺、肾上腺等；内分泌细胞团，如胰腺内的胰岛。我们常见的肥胖症和糖尿病，都是内分泌失调的表现。

菲菲的笔记

"你们都没有我们生殖系统重要！没有我们，人类怎么繁衍呀？"生殖系统的小精灵不紧不慢地说。

豆豆的笔记

生殖系统的功能是繁衍后代。

男孩和女孩生殖系统不同，但都包括内生殖器和外生殖器两部分。

各个系统的小精灵争论不休，同学们也都听得晕头转向。

"大家都别吵啦！"眼镜老师请大家保持安静，"你们都很重要，哪个部分出现问题，身体都会抱恙！"

小精灵们终于安静地坐好。可就在这时，响起一声尖叫。教室里再次嘈杂起来。

快叫救护车！

老师，我妈妈晕倒了！

豆豆的笔记

身边的人晕倒了怎么办？

首先，要在耳边呼唤，看病人是否还有意识。不可摇晃！

其次，拨打 120 急救电话。

第三，不要围观，给病人足够的空间。让其平躺，必要时实施心肺复苏术。

大家赶紧将菲菲的妈妈送上救护车。经过医生的检查，确认菲菲的妈妈没有生病，而是怀孕了。因为她没吃早餐，血糖过低才陷入晕厥的。

糖是我们身体必需的营养之一。我们将血液中的糖分称为血糖。多数情况下，血糖是葡萄糖。人体内的各个器官和组织的正常运营，要靠葡萄糖提供能量。因此，血糖不能过高也不能过低。

一场虚惊过后，眼镜老师突然想到一个好主意。
他拿出眼镜，触动开关。同学们瞬间变得很小。

眼镜老师招呼大家登上轨道列车。

没想到列车的终点竟然是一瓶水。好在落水之前，我们被罩上了一层防水的透明薄膜。

菲菲妈妈拿起水瓶喝水。我们顺着水流漂进了她的体内。

可乐的笔记

没有出生的小宝贝儿叫作胎儿（2个月以前叫胚胎），他住在妈妈的子宫里，脐带是连接妈妈和宝宝的通道。

眼镜老师用定位仪找到了小宝贝儿的家。

我们顺着一条路走了进去。

此时，小宝贝儿 1 个月，长得像小海马。

米粒的笔记

1 个月的胚胎，已经有了脑、脊椎和心脏。

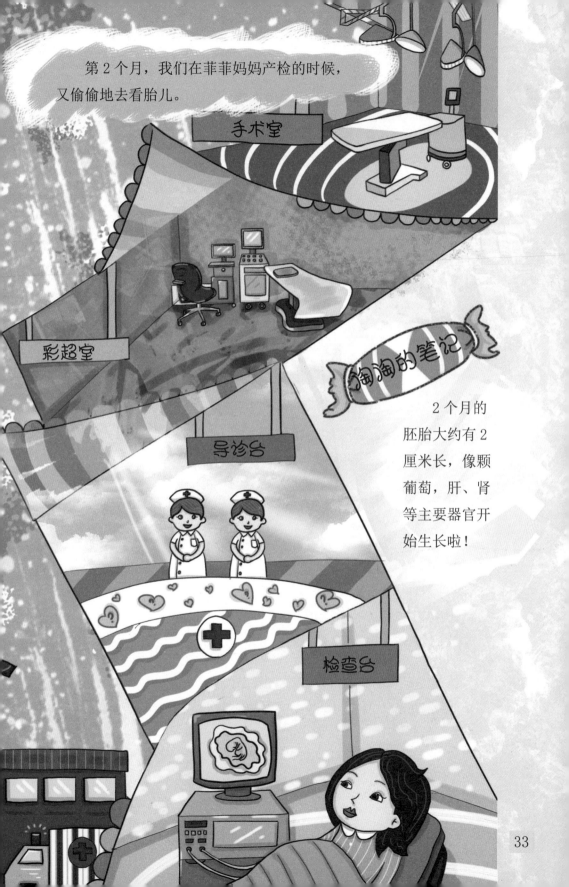

第 2 个月，我们在菲菲妈妈产检的时候，又偷偷地去看胎儿。

手术室

彩超室

淘淘的笔记

2 个月的胚胎大约有 2 厘米长，像颗葡萄，肝、肾等主要器官开始生长啦！

导诊台

检查台

33

第 3 个月，我们又去了。

什么声音？

难道是打雷了？

有点像打嗝声！

豆豆的笔记

3 个月的胎儿有了明显的四肢，身长约 6 厘米，开始长头发、指甲，不过眼睛还睁不开。

第 4 个月，菲菲妈妈选择在周末产检。人很多，我们差点儿跟丢了。

菲菲的笔记

4 个月的胎儿有 10 厘米长啦，像个大梨。他有时会在肚子里玩脐带呢。

第6个月，我们依旧在菲菲妈妈产检的时候溜进去看小宝宝。

嘘，小声点，他正在睡觉。

看，他的皮肤是红色的，还有好多皱纹呢。

6个月的胎儿眉眼清晰可见，只是眼睛的虹膜（眼珠有颜色的部分）仍没有颜色。他已经可以听到各种声音了。

可乐的笔记

第 7 个月，眼镜老师说这个时候的宝宝已经有了自己的生活规律，所以我们要趁他醒着的时候去看他。

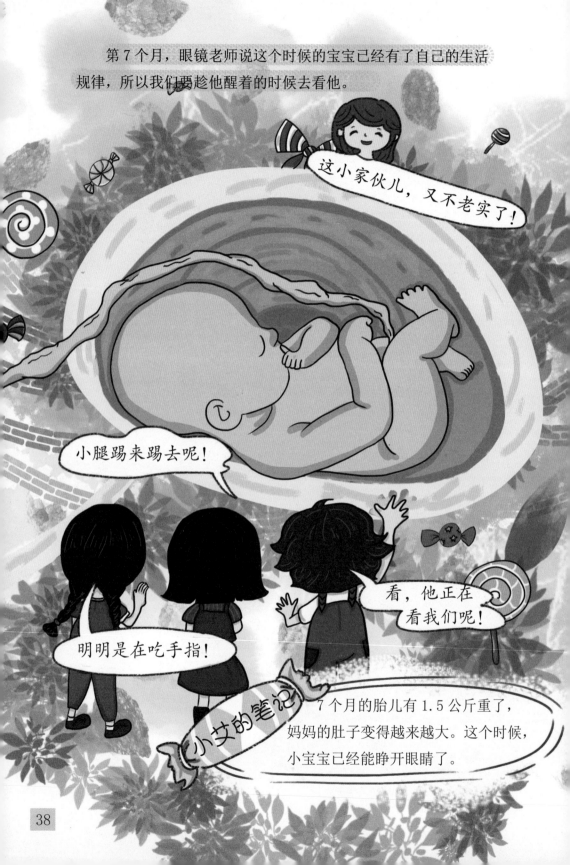

第 8 个月，我们写完了作业，一起到菲菲家看小宝贝儿。
我们发现，小宝贝很喜欢对着光看。

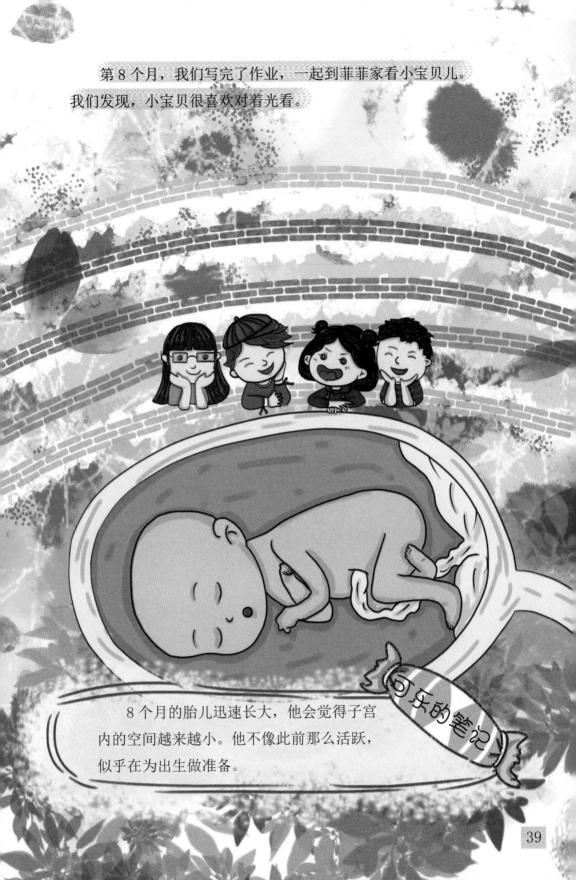

8 个月的胎儿迅速长大，他会觉得子宫内的空间越来越小。他不像此前那么活跃，似乎在为出生做准备。

可乐的笔记

第 9 个月后，宝宝随时都有可能出生，所以我们没有再去打扰。我们各自为宝宝准备了礼物。

星期三下午的科学课，眼镜老师说菲菲的弟弟出生了！
我们来到了医院，发现一个多月没见，小家伙儿又变样了呢！

根据人体发育的规律和自身形态、生理特点，可以将生长发育划分为5个时期：

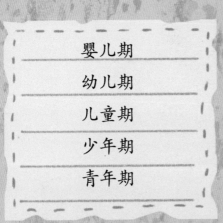

婴儿期
幼儿期
儿童期
少年期
青年期

脂肪和糖类

蛋白质

蔬菜类

水果类

谷类

一堂生动有趣的科学课结束了！在这堂课上，你学到了哪些知识呢？今天，眼镜老师的家庭作业是这样的：

1.请你想一想，什么样的饮食结构有利于生长发育和身体健康呢？要记住我们的营养金字塔啊！

2.请你说出人体有几大系统？它们的功能是什么？

3.你知道人体细胞的基本结构吗？

第二课
有趣的人体

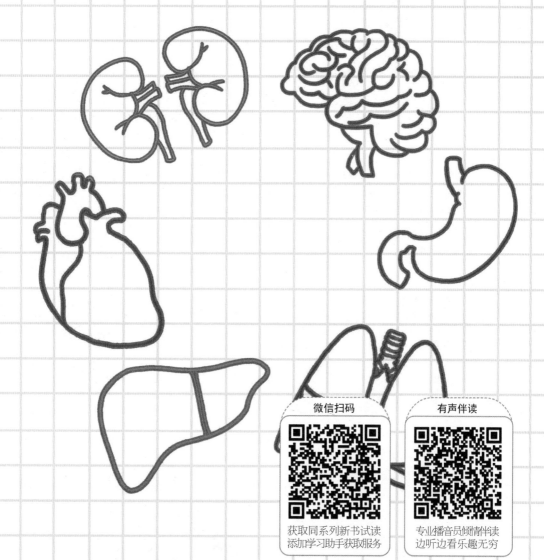

同学们纷纷猜测，老师的盒子中到底装着什么。

或许是一只用来研究病毒的蝙蝠？

不对，是一只有毒的蜘蛛！

可能是一块需要打磨的宝石？

会不会是易燃易爆的化学材料？

我知道 X 射线透视仪能透视人体，遗憾的是不能透视盒子！

小艾的笔记

　　X 射线是一种能透视人体的电磁波。1895 年，德国物理学家威尔姆·康拉德·伦琴发现 X 射线具有很强的穿透性，随后推广到医疗领域。不过 X 射线会影响细胞生长。

自从认识了人体的九大系统，同学们就对人体产生了浓厚的兴趣。他们到图书馆翻阅了大量资料，还展示在科普知识角。

眼镜老师决定，借着孩子们的热情，开展一次小规模的人体知识竞赛。

人体知识竞赛

竞赛规则：

1. 本次比赛分组进行。

2. 比赛共设 3 个环节：必答题、抢答题、互答题。

3. 比赛采取积分制，每题 1 分，得分多者获胜。

因为人的高矮取决于遗传、营养、体育锻炼、睡眠等。在身体发育正常的情况下，上述因素决定身高的不同。

比如，父母的个子高，孩子的个子往往就高些。如果爸爸妈妈不高，可以通过加强营养、参加体育锻炼，让自己长得高。另外，睡眠的质量也对身高有影响。

A组得1分。

49

人皮肤上的温度感受器有两种：一种专门感受冷，它存在于皮肤的"冷点"中；一种专门感受热，它存在于皮肤的"热点"中。当外界温度降低，冷点处的感受器马上工作起来，把信息通过末梢神经传送到中枢神经，于是人就觉得冷。热的信号也是这样传递给大脑的。

冷点

热点

B组得1分。

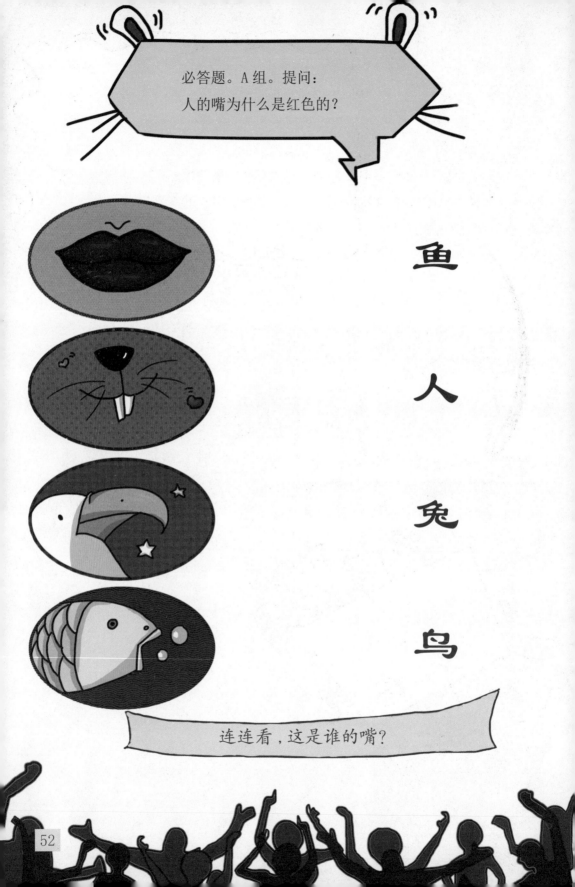

必答题。A组。提问:
人的嘴为什么是红色的?

鱼

人

兔

鸟

连连看,这是谁的嘴?

52

我比嘴唇白！

我是透明的！

A 组得 1 分。

　　嘴唇跟鼻子一样，表面也有皮肤覆盖。只是嘴唇上的皮肤是透明的，非常薄而且很柔软。

　　所以，我们能看到嘴唇表皮里面血的颜色。因此，我们看到的嘴唇是红色的。

必答题。B组。提问：

人饥饿的时候，肚子为什么会咕噜咕噜响？

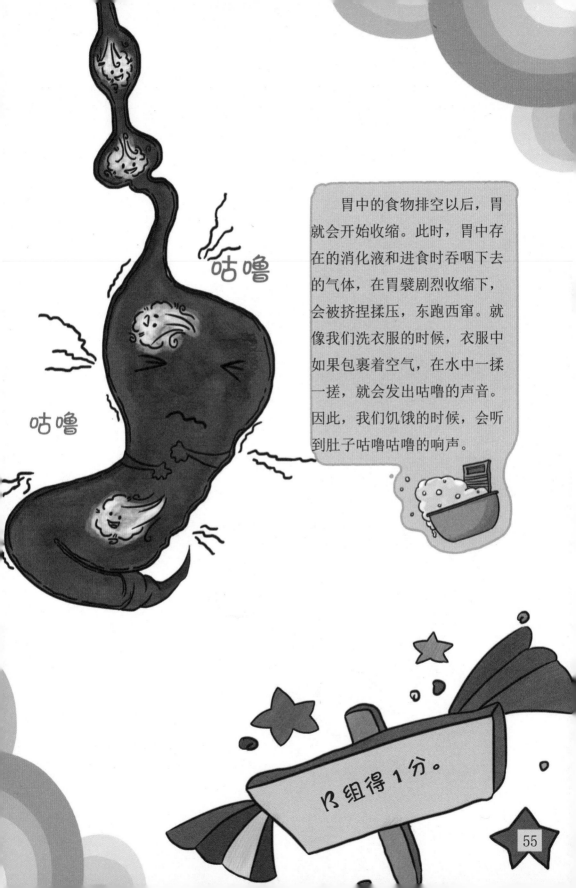

咕噜

咕噜

胃中的食物排空以后，胃就会开始收缩。此时，胃中存在的消化液和进食时吞咽下去的气体，在胃襞剧烈收缩下，会被挤捏揉压，东跑西窜。就像我们洗衣服的时候，衣服中如果包裹着空气，在水中一揉一搓，就会发出咕噜的声音。因此，我们饥饿的时候，会听到肚子咕噜咕噜的响声。

B组得1分。

不得不承认，双方对知识的掌握都很扎实。眼镜老师不得不加大题目的难度。他清了清喉咙，继续主持竞赛。

必答题。A组。提问：为什么吃辣的东西会流鼻涕？

A 组得 1 分。

A 组的同学们想了想，答道：

我们吃辣椒、葱和蒜等具有辣味的东西时，会流鼻涕，这是因为这些食物中含有"辣椒素"。这种物质能够刺激人眼部位的神经，从而引起泪腺分泌泪液。当泪液较多时，会顺着眼睛与鼻腔的连接通道流入鼻腔内，出现流鼻涕的现象。

B 组的同学也不甘示弱，认真地听着眼镜老师的问题。

眼镜老师声音洪亮地说出题目：

"这是一道必答题。提问：为什么人老了，头发会由黑变白？"

B 组的同学们互相对视，看来他们对这个问题不太了解。10 秒倒计时已经开始，淘淘着急地拿过麦克风说："发根给头发提供营养。在发根里，有一种专门制造黑颜色的细胞，叫作黑素细胞。这些细胞不停地制造颜色提供给头发，所以我们的头发是黑色的。可是当人老了以后，细胞的功能变弱，黑素细胞产生黑色素的能力不足，产生的黑颜色越来越少，头发也就逐渐变白了。"

B 组的同学紧张地等待着老师宣布结果。

"B 组，"眼镜老师故意拉长声音说，"得 1 分！""哇……"B 组的同学们欢呼起来！

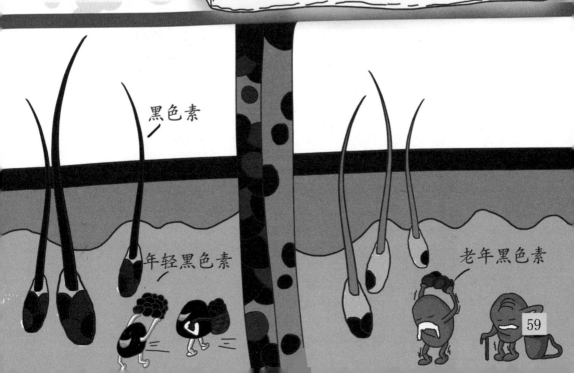

黑色素

年轻黑色素

老年黑色素

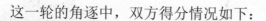

这一轮的角逐中，双方得分情况如下：

A 组得 3 分。

B 组得 3 分。

必答题环节结束，下面进行抢答题环节。

第 1 题：

爱动脑的人为什么比不爱动脑的人聪明？

绿灯亮起，B组抢答成功。

我们的大脑皮层共有约140亿个神经细胞。根据现代科学研究证明，一般人一生中只用了10亿个左右，人脑大部分潜力还没有被开发出来。那些善于动脑、勤于思考的人，比一般人多使用了一些大脑神经细胞。脑细胞具有越用越灵活的特点，因此，爱动脑筋的人越来越聪明。

我们要养成多动脑、勤思考的好习惯！

B组得1分。

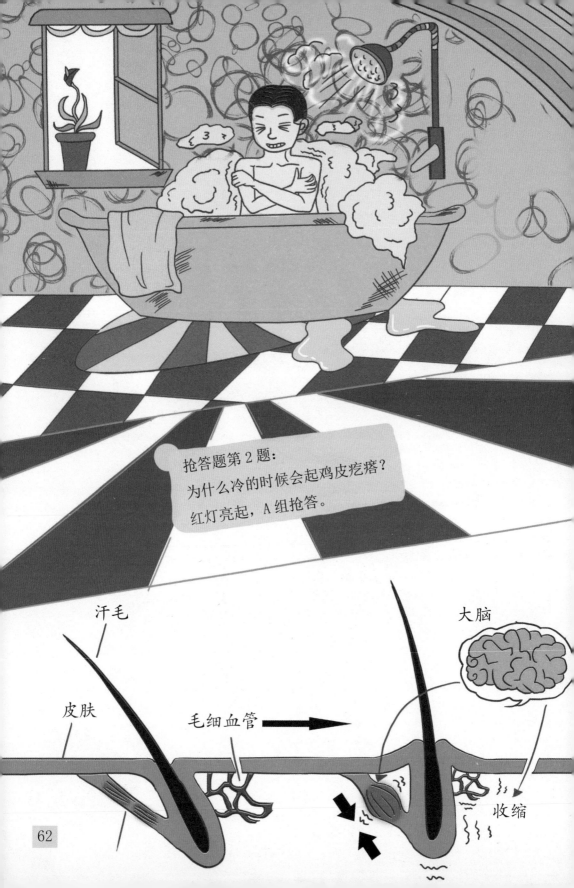

抢答题第 2 题:
为什么冷的时候会起鸡皮疙瘩?
红灯亮起, A 组抢答。

汗毛

大脑

皮肤

毛细血管

收缩

62

　　菲菲想了想回答道：

　　"我们的皮肤上长着很多细细、小小的毛，我们称之为'汗毛'。在每根汗毛的底下，都连着一条小小的肌肉叫竖毛肌，竖毛肌的一头连着皮肤。当人的皮肤遇到冷风，或者遇到冷水刺激时，竖毛肌就会立刻收缩，这样汗毛也就竖起来了，并拉起一块小疙瘩，看上去就像鸡的皮肤一样，所以人们就叫它鸡皮疙瘩。人的皮肤不仅在受凉的时候容易起鸡皮疙瘩，在受惊、害怕或者生气的时候，也是会起鸡皮疙瘩的。"

同学们紧张地将手放在抢答器上方。眼镜老师不慌不忙地说：

"抢答题第 3 题：人为什么要眨眼睛？"

红灯亮起，A 组抢答成功。

眨眼是一种快速的闭眼动作，分为不由自主的闭眼运动和受到外部刺激的反射性闭眼运动。

抢答正确，A 组得 1 分！

　　我们每分钟都会不由自主地眨眼数次，这实际上是一种保护眼睛的动作。眨眼能使泪水均匀地分布在角膜和结膜上，以保持角膜和结膜的湿润，放松视网膜和眼肌。

　　受外界刺激的眨眼动作，主要有 3 种形式：

　　1. 眼睛里进入灰尘或沙子等异物时，我们会主动闭上眼睛并流出眼泪，这叫作角膜反射。

　　2. 当强光照射眼睛时，我们会主动闭上眼睛躲开强光，这叫作眩光反射。

　　3. 当有东西突然快速向我们面部靠近时，眼睛会闭紧并躲开，这叫作恫吓反射。

　　以上 3 种眨眼动作都是眼球的保护性动作。

A 组连续抢答了两道题，B 组的同学们都有些焦急。
抢答题第 4 题：
为什么玩雪后手会发热？

两组同学几乎同时按下了抢答器，但红灯亮起，A组又抢先一步。
小艾拿起麦克风说道：

"手接触到冰冷的雪后，皮肤受到刺激，将信号由神经传到大脑
'司令部'，大脑便迅速地调兵遣将，派血管里的血液向手部的毛细
血管流去，以保护手部避免冻伤。血液的流动带来了热量，因此，手就
不凉了。"

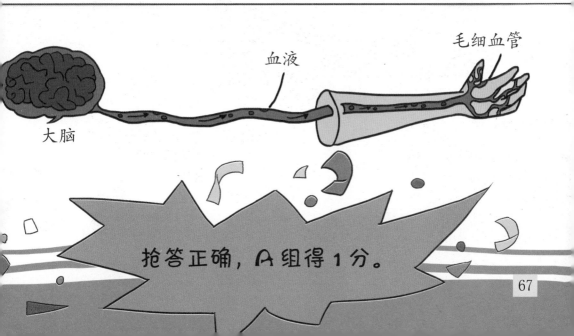

血液

毛细血管

大脑

抢答正确，A组得1分。

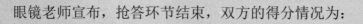

眼镜老师宣布，抢答环节结束，双方的得分情况为：

A 组得 3 分。

B 组得 1 分。

A 组的同学们欢欣雀跃，B 组的同学们却很失落。

68

眼镜老师说，现在中场休息 10 分钟，进行互答环节的准备。互答环节是一方给另一方出题，回答正确者得分。两组的同学们冥思苦想，一定要难倒对方。

A 组先给 B 组出题：

有一种说法叫"笑掉下巴"，下巴真的会掉吗？

B组一起讨论了一下，给出了答案：

确实会"笑掉下巴"。有的人大笑或打呵欠后，嘴巴就闭不上了，这就是掉下巴，医学上叫"下颌关节脱位"。下巴掉了以后，嘴闭不上，说话不清楚，不停地流口水，不能吃东西。除了大笑和打呵欠外，下颌受外力作用、下颌关节损伤以及下颌周围肌肉损伤等都可以引起掉下巴。掉下巴后要及时去医院复位，几天内不要张大嘴，防止形成习惯性脱位。

正常　　脱白

B组回答正确，得1分！

因为 A 组在上一轮比赛中领先 2 分，B 组的同学们十分纠结应该考 A 组什么题目。商量之后，他们的问题如下：

伤口快要愈合的时候，为什么会痒？

A 组的同学互相对视，但谁都没有举手回答。看来这道题真是难住了他们。

眼镜老师数着倒计时，直到数到 0，A 组还是没有人回答。B 组公布了答案：

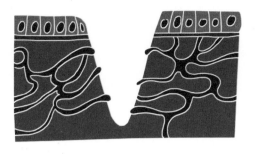
结缔组织断裂

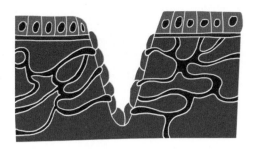
结缔组织生长

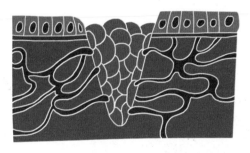
结缔组织修复

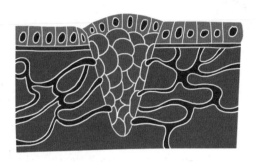
皮肤愈合

人的皮肤分为很多层，如果伤口很浅（位于表皮层），那么愈合时不会发痒。但是当伤口深达真皮层时，愈合的时候就会发痒。这是因为较深伤口的愈合是由一种新的组织修补好的，这种组织叫结缔组织。由于新生组织的血管和神经特别密集，在快速生长时容易互相碰撞，让人产生痒的感觉。伤口痒说明伤口快要修复好了，不必做特殊处理，也不能抓挠，以免延缓伤口愈合或留下瘢痕。

A组同学听了答案，心服口服，不过他们可不会认输。

A组没有答上这道题，B组得1分。

A 组增加了题目的难度。

有这样甲乙两种说法，哪种正确？

甲：蔬菜中只含有维生素。

乙：蔬菜中还含有人体必不可少的矿物质。

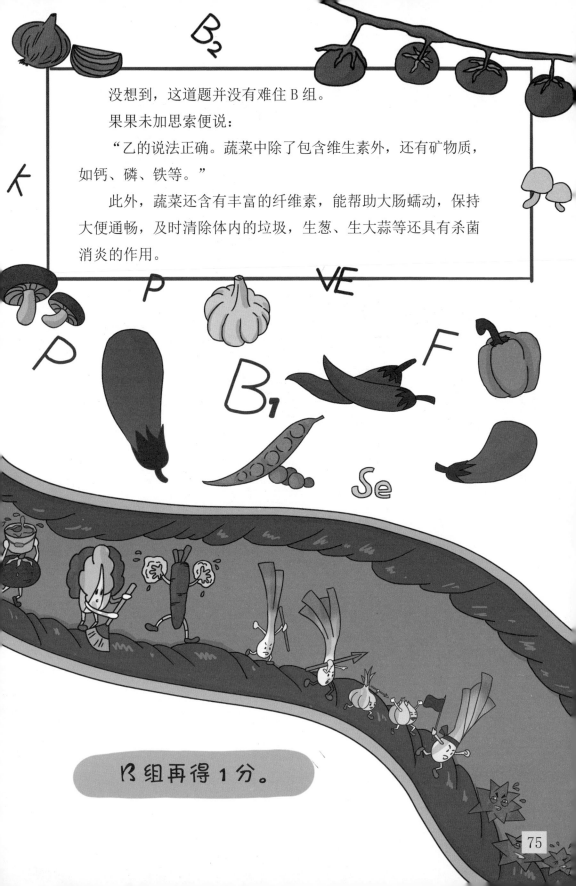

没想到，这道题并没有难住 B 组。

果果未加思索便说：

"乙的说法正确。蔬菜中除了包含维生素外，还有矿物质，如钙、磷、铁等。"

此外，蔬菜还含有丰富的纤维素，能帮助大肠蠕动，保持大便通畅，及时清除体内的垃圾，生葱、生大蒜等还具有杀菌消炎的作用。

B 组再得 1 分。

在这一轮的比赛中，A组没有得分，同学们的情绪有点低落。
B组的同学们趁热打铁，给出最后一道题目：
骨折后的骨头能长好吗？

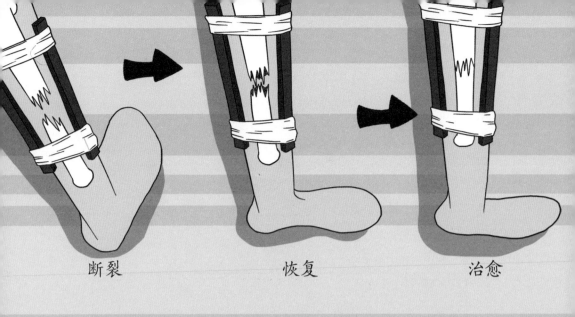

断裂   恢复   治愈

　　没想到，这一次，A组给出了完美的答案：

　　"能长好！如果我们骨折了，医生会将断裂的骨头重新摆好位置，并固定起来，一段时间之后骨头就会自动长好。"

　　我们骨头的表面存在骨膜，它为骨头的生长发育提供营养，并能生成新的骨细胞。骨折后，骨膜细胞会变得很活跃，它从身体的各部分调集营养物质汇集到受伤部位，同时不断生成新的骨细胞。新的骨头从外到内，慢慢地将缝隙填满，就好像从两边修建一座桥，最后在中间合拢一样。

A组得1分。

眼镜老师宣布，知识竞赛到此全部结束，双方的比分如下：

第 1 个环节必答题：A 组得 3 分
B 组得 3 分

第 2 个环节抢答题：A 组得 3 分
B 组得 1 分

第 3 个环节互答题：A 组得 1 分
B 组得 3 分

通过三个环节的比赛，A、B 两组平分秋色，实力相当，皆大欢喜！

通过比赛，同学们充分体会到了学海无涯。这是他们在科学课上的额外收获。

放学后，同学们去图书馆借阅了一些书籍，并对几个存疑的问题展开了讨论，直到华灯初上才回家……

同学们期待眼镜老师的下一堂奇妙科学课，你呢？

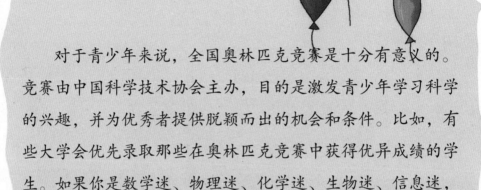

　　对于青少年来说，全国奥林匹克竞赛是十分有意义的。竞赛由中国科学技术协会主办，目的是激发青少年学习科学的兴趣，并为优秀者提供脱颖而出的机会和条件。比如，有些大学会优先录取那些在奥林匹克竞赛中获得优异成绩的学生。如果你是数学迷、物理迷、化学迷、生物迷、信息迷，快去挑战一下吧！

　　眼镜老师的科学课下课啦！这节课上，你学到了哪些知识呢？一起看看老师的家庭作业吧！

1. 为什么有的人长得高，有的人长得矮？

2. 为什么我们能感受到冷和热？

3. 为什么肚子饿的时候，会发出咕噜咕噜的声音？

4. 人老了，为什么头发会由黑变白？

5. 眨眼有什么作用呢？

　　这些问题，你都回答上了吗？

　　还不错哟！继续努力学习呀！

眼镜老师不仅博学多才，而且爱好广泛。这不，他正在家观看世界杯比赛呢！

什么，你还不知道世界杯？那快了解一下吧！

世界杯的全称叫作国际足联世界杯（FIFA World Cup)，是世界上最高荣誉、最高规格、最高竞技水平和最高知名度的足球比赛，与奥运会并称为全球体育两大顶级赛事。

眼镜老师喊你去看2022年世界杯比赛呢！

竞赛，是一个检验学习成果、互相学习的好方式！

第 三 课

细菌大战

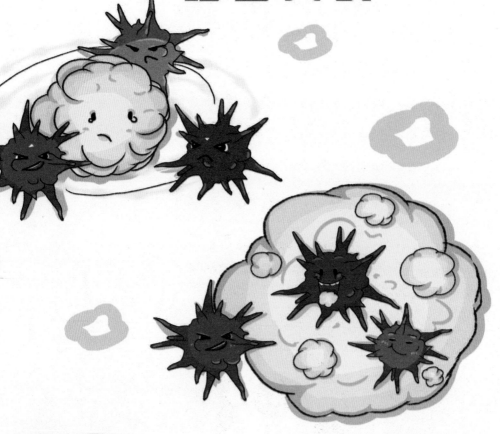

眼镜老师最近很不舒服，咳嗽、打喷嚏、流鼻涕，还发烧。

此刻，躺在床上的眼镜老师正在纠结：

水杯里的水喝光了，要不要起床倒一杯？

明天就是星期一了，是带病坚持上课呢，还是请假呢？

这节科学课，同学们能见到眼镜老师吗？

83

眼镜老师最近不太舒服，时常咳嗽、流鼻涕。他没有请假休息，而是坚持给同学们上课。上课铃声响起，眼镜老师发现有几个座位是空的。

身体一向很好的淘淘，今天早上也没有来上课呢！

秋冬交替之际，是流感的高发期。学校加强了日常消毒，并号召同学们积极锻炼身体。最近一周，因病请假的同学逐渐增多，这引起了学校领导的重视。

眼镜老师觉得这很不妙。感冒发烧看似小毛病，但也不容忽视。正如此刻，不停地咳嗽严重影响了眼镜老师授课。

老师太可怜了！

是呀！我看请假的几名同学，还没有他严重呢！

眼看着无法正常讲课，眼镜老师心里很着急。不过，他很快就有了一个好主意：何不借此机会，带同学们揭开"感冒"的真面目呢？他马上组织同学们乘坐校车。

等同学们坐稳，眼镜老师启动了校车。他告诉同学们，校车将开往附近的医院。他想请医生帮忙查明感冒的原因。

医院里面就诊的病人很多。眼镜老师此刻也是病人，懂事的同学们主动照顾他。米粒走向导诊台，问明就诊的科室，领取了病历本。

豆豆排队挂号，小艾去水房为老师接了一杯温热的水。眼镜老师坐在椅子上，他的脸色很不好看，病情似乎又加重了。

同学们陪着眼镜老师来到内科诊室。医生详细地询问了眼镜老师的症状，然后量体温、检查喉咙、听诊，并开化验单让老师验血。

医生让眼镜老师验血，是指血常规检验。这是医生诊断病情常用的辅助手段。

在我们的血液里，主要有3种不同功能的细胞：红细胞、白细胞和血小板。

当我们生病时，这些细胞的数量和分布会产生一些变化。医生就是根据这些变化判断我们的病情的。

护士在眼镜老师手肘静脉处采血，说半小时后取检验报告。等待的过程中，眼镜老师向同学们科普了一下相关知识。

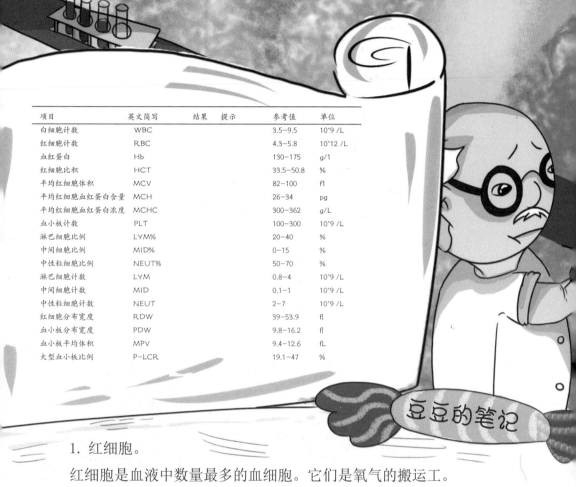

项目	英文简写	结果	提示	参考值	单位
白细胞计数	WBC			3.5–9.5	10^9 /L
红细胞计数	RBC			4.3–5.8	10^12 /L
血红蛋白	Hb			130–175	g/1
红细胞比积	HCT			33.5–50.8	%
平均红细胞体积	MCV			82–100	fl
平均红细胞血蛋白含量	MCH			26–34	pg
平均红细胞血红蛋白浓度	MCHC			300–362	g/L
血小板计数	PLT			100–300	10^9 /L
淋巴细胞比例	LYM%			20–40	%
中间细胞比例	MID%			0–15	%
中性粒细胞比例	NEUT%			50–70	%
淋巴细胞计数	LYM			0.8–4	10^9 /L
中间细胞计数	MID			0.1–1	10^9 /L
中性粒细胞计数	NEUT			2–7	10^9 /L
红细胞分布宽度	RDW			39–53.9	fl
血小板分布宽度	PDW			9.8–16.2	fl
血小板平均体积	MPV			9.4–12.6	fL
大型血小板比例	P-LCR			19.1–47	%

豆豆的笔记

1. 红细胞。

红细胞是血液中数量最多的血细胞。它们是氧气的搬运工。

2. 白细胞。

白细胞是人体的"健康卫士"。当病菌入侵人体时，白细胞会收到入侵警报，然后迅速穿过毛细血管壁，达到病菌入侵的部位。它们将病菌团团围住，然后吞噬掉它们！

3. 血小板。

血小板是帮助身体止血的。当身体受伤流血时，它们会迅速赶来，紧紧围在一起，黏附在伤口处。

医生看了眼镜老师的化验结果，认为眼镜老师的感冒属于病毒性。同学们听了，立刻戴上了口罩，跑去洗手间洗手。

米粒的笔记

感冒可分为普通感冒和流行性感冒，也可以分为病毒性感冒和细菌性感冒。

通常，病毒性感冒具有较高的传染性。

眼镜老师和同学们认为，这次班里几个同学陆续生病，就是因为病毒传染。他们需要立刻回班级，消灭病毒。

小艾的笔记

病毒性感冒要注意室内消毒，主要方法为：

1. 保持空气流通。
2. 可用消毒水擦洗家具和地面。
3. 可利用空气消毒机进行消毒。

为防止病毒传播，我们要勤洗手，经常换洗衣物。同时佩戴口罩，分用餐具，适当与病人隔离。

同学们一边忙着消毒，一边纳闷，病毒到底长什么样？

我们肉眼看不见的病毒，是怎么危害到我们身体健康的？

眼镜老师看出了同学们的疑问，他打算吃完退烧药，带同学们找出答案。

教室的消毒工作进入收尾阶段，眼镜老师的烧也退了。
眼镜老师看到豆豆正在擦讲台，急忙阻止。

豆豆，快停下！
只有这一处没消毒了，
我们得留着它观察病毒呢！

眼镜老师摘下神奇的眼镜，将镜片对准我们，眨眼间，我们仿佛来到了另一个世界。但其实，我们只是缩小了。

天哪，一只巨型蚂蚁！

大家一致认为，这一次的科学大冒险要速战速决。小如尘埃的我们时刻面临着危险和挑战，比如没扫干净的饭粒和薯片渣。要不是眼镜老师想办法赶走了那只蚂蚁，剩下的故事就变成《眼镜老师和同学们的大逃亡》了。现在，我们需要乘坐纸飞机到达讲台。

纸飞机载着同学们飞过一排排课桌。突然，一阵风从窗口吹过，纸飞机偏离了航线，摇摇晃晃地飞向窗台上的一盆君子兰花。

我们紧紧抓住花叶。眼镜老师率先示范，借着花叶摇摆之势，跳向讲台。我们紧随其后，生怕风停后，只能挂在叶子上。

眼镜老师为同学们讲解病毒的知识，同学们认真地听着。

豆豆的笔记

病毒并不是细胞，因为它不具有细胞的结构。

病毒是由一个核酸分子（DNA 或 RNA）与蛋白质构成的。

血凝素糖蛋白

刺突

RNA

核衣壳蛋白

核糖蛋白

眼镜老师告诉我们，病毒虽然很厉害，但是它自身不能繁衍生息，必须要依靠我们人体的细胞。讨厌的病毒附着在细胞上，然后慢慢地将细胞杀死，再去别的细胞上继续使坏。

也就是说，只要把病毒阻挡在外，它就无法使坏！

病毒到达人体，并不是瞬间布满全身，而是需要一段时间复制。这个过程叫作复制周期。因此，当我们发现体内存在病毒时，一定要阻止它的复制。

对抗病毒的武器是 —— 干扰素。

菲菲的笔记

干扰素并不能直接杀死病毒，但它能帮助细胞产生抗病毒蛋白。

我能对抗病毒啦！

干扰素

病毒的种类不少，比较常见的有狂犬病毒、肝炎病毒、疱疹病毒等。病毒的形态各异，有球状、杆状、冠状等。显微镜下，眼镜老师为同学们展示了几种病毒。

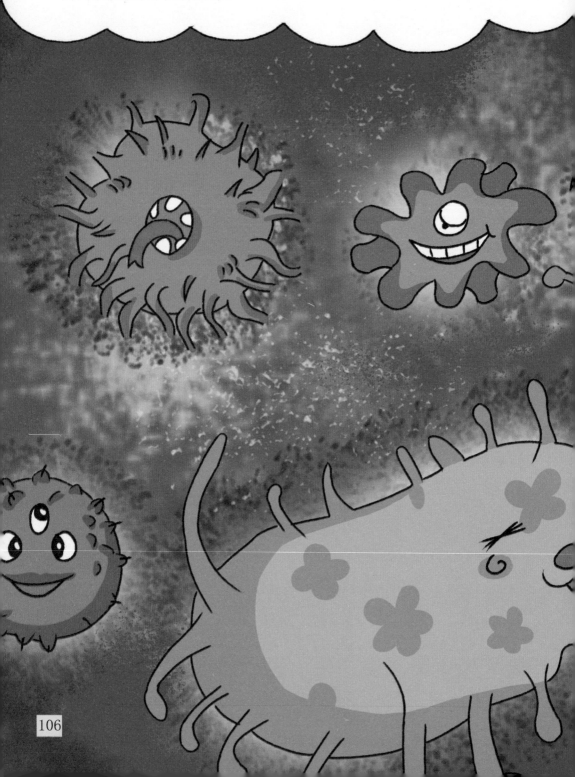

同学们觉得病毒长得不丑，但实在是太坏。眼镜老师说，病毒虽然害处很多，但利用好了也能为人类造福。

1. 病毒可以作为特效杀虫剂。
2. 病毒能治疗疾病。
3. 病毒疫苗能够帮助人类预防病毒。
4. 病毒能帮助科学家进行基因研究。

可乐的 笔记

"医生说病毒性感冒和细菌性感冒不同，现在我们了解了病毒，那细菌是什么样的呢？"好学的米粒疑惑地望向老师。

米粒的笔记

400 多年前，荷兰人列文虎克在一位老人从未刷过的牙齿的牙垢上，发现了细菌。后来，巴斯德发明了"巴氏消毒法"，这种常用的食品消毒方法沿用至今。

细菌和病毒一样可怕吗？

细菌无处不在，是自然界中分布最广、数量最多的有机体。无论是在土壤里、水中，还是在动物和人身上，都活跃着相当多的细菌。

同学们围在显微镜下，认真观察细菌。细菌也有不同的形状，比如球菌、杆菌和螺旋菌等。

杆菌

球菌

螺旋菌

双球菌

链球菌

110

细菌是一种单细胞生物，主要由细胞壁、细胞膜、细胞质和核体等部分构成。

细胞膜

细胞壁

核体

细胞质

细菌的结构图

一些细菌不仅会对人体造成伤害，而且植物感染了致病细菌，也会生病呢！

不过细菌也有大用处，比如我们常吃的奶酪、泡菜、酱油、醋等的制作，都离不开细菌。一些友好的细菌能够保护我们的肠道，并抵御那些令人讨厌的细菌侵袭。

益生菌除了帮助人体对抗有害菌之外，还能产生人体所必需的营养素。有了它们，我们的身体才更健康！

酱油

酸奶

尽管每天我们都洗手数次，甚至用超强杀菌香皂，但几小时后细菌仍会"起死回生"。

几小时后

如果有害细菌侵入身体，别怕，我们有对付它们的武器——抗生素！

米粒的笔记

很久以前，科学家发现某些微生物能够抑制另外一些微生物的生长和繁殖。科学家将这种现象称为抗生。后来，科学家们从这种微生物体内找到了具有抗生作用的物质，并命名为抗生素。

抗生素主要对抗人体内的致病菌，不同的抗生素，对抗不同的病菌，不能乱用。最简单和安全的方法是谨遵医嘱和详细阅读药品说明书。

说明书？天呐，眼镜老师突然想起来，刚才着急带领同学们观察病毒和细菌，忘了看说明书就直接吃了两片药。糟了糟了，对于一向严谨的眼镜老师来说，这可不得了！

眼镜老师着急阅读说明书，便从讲台上放下一根绳子，就催促同学们赶紧爬下去。随着一声"下课"，同学们纷纷变回原样。此时，恐高的豆豆正坐在讲台上，同学们哈哈大笑。

好在眼镜老师的用量符合服用标准，有惊无险。事后，他称这次吃药为"盲吃"，并一再叮嘱同学们，一定要在服药前认真阅读说明书。同学们认真地整理着笔记，收获满满。

米粒的笔记

	病毒	细菌
大小	病毒较小（飞机）	细菌较大（航母）
形态	非细胞	细胞
繁殖	不可自行繁殖，只能通过宿主复制	自身可以繁殖
顽固程度	怕热不怕冷，怕湿不怕干，冬天最猖獗。	耐高温，耐高压，适应能力超强
感染	病毒可以感染细菌	细菌不能感染病毒
药物	干扰素（抗病毒药物）	抗生素

119

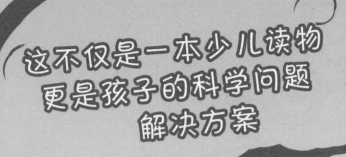

这不仅是一本少儿读物
更是孩子的科学问题
解决方案

建议扫描二维码
配合本书使用

【 本书特配线上阅读资源 】

 新书试读：为读者提供新书试读，方便读者查看同系列图书的最新内容。

 家长伴读群：家长加入阅读伴读群，共同探讨辅导孩子高效阅读的方式方法，分享伴读经验。

 阅读助手：为读者提供专属阅读服务，满足个性阅读需求，促进多元阅读交流，让读者学得快、学得好。

【 获取资源步骤 】

第一步　微信扫描本页二维码

第二步　添加出版社公众号

第三步　点击获取你需要的资源或者服务

微信扫描二维码
领取本书阅读资源